神奇动物在哪里

狼

[法]阿涅丝·万德维尔◎著
杨晓梅◎译

吉林科学技术出版社

狼的肖像

　　第一眼看过去，狼很像一只大狗。这并不奇怪，因为狗就是由几千年前驯化的狼演变而来的，两种动物同属犬科。狼的外表更纤长，身体更强壮，腿更长，头也更大。狼是天生的运动高手，是不知疲惫的奔跑者，拥有敏锐的感官。公狼（体长1～1.3米，体重20～80千克）比母狼（体长0.87～1.17米，体重18～50千克）更高、更重。生活在野生环境中的狼寿命通常为10年。

厚厚的被毛

　　狼美丽的被毛分为两层：一层是靠近皮肤的细绒毛，起到隔绝寒冷的作用；另一层坚硬、粗糙，保护身体不被雨水、冰雪伤害。每当春天来临之时，狼身上的被毛便会换掉，变得更短更薄。这也是狼在冬天时看上去比夏天"胖"的原因。每头狼的被毛颜色都是独一无二的。

肉食者的牙齿

　　即使是最坚硬的骨头也无法在狼强大的牙齿下保持完整。狼的嘴部比狗要宽，咬合力是狗的2倍。里面的牙齿更是它恐怖又高效的武器。狼从来不会咀嚼食物，都是直接大口吞掉。

　　肌肉发达的四肢让狼成为了当之无愧的耐力跑冠军。它可以在一天中以6～10千米/时的速度奔跑100千米。不过，在必要时，它也可以变成速度型的短跑选手。在追逐猎物时，狼可以以65千米/时的速度冲刺5～10分钟。

嗅觉

狼拥有比人类发达的嗅觉。狼可以闻到两三千米之外的猎物气息。

听觉

耳朵竖起时，狼处于警觉状态，再小的声音也不会放过。它将耳朵转向声音来源处，试着分辨听到的到底是什么。它可以听到人类听不到的超声波。这种能力为它捕猎提供了很大助力。狼可以听到9千米之外另一头狼的嚎叫。

视觉

狼观察细节与色彩的能力很弱，但却能将周围的情况看得清清楚楚。夜里，狼的眼睛会闪闪发光，和猫一样。

狼的前肢有5趾，后肢只有4趾。趾甲会一直生长，且无法像猫那样收回去，但它们是挖洞的好工具。狼依靠脚趾跑步，小跑时可以坚持很久不停歇。

3

世界各地的狼

无论是灼热的沙漠，还是广袤的冰原，我们都可以看到狼的踪影。它们能适应极端的气候，能在 $-50 \sim 40℃$ 生存。在北美、俄罗斯生活着数量很多的狼。除了热带雨林地区，狼的身影出没在任何类型的生态环境里：北极苔原、亚寒带针叶林、温带森林、大草原、沙漠……

红狼

红狼的毛并不是红色的，而是以浅黄褐色为主，掺杂少许灰色与黑色。过去，红狼栖息在美国东南部，但人类狩猎与破坏环境的行为让红狼在1980年被正式列入野外灭绝物种。1987年后，红狼被重新放归北卡罗来纳州，这一拯救行动取得了成功。如今，人们估计有超过100头红狼生活在大自然里。

狼的环球之旅

我们很难准确说出世界上一共有多少头狼。一些专家认为这个数字在20万～25万之间。大部分狼生活在北半球。在欧洲，狼群逐渐从南向北、从东向西迁徙，因为那里有更多森林与自然保护区供它们自由生活。

北极狼

北极狼能悄无声息地从北极圈的广袤冰原上经过而不被察觉。它可以几个月生活在极夜的黑暗中。厚厚的皮毛令它无惧寒冷与暴风雪。它可以数天不进食，也可以成群结队攻击大型动物。

阿拉斯加郊狼

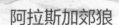

如同它的名字，这种大型狼生活在阿拉斯加与加拿大西部的针叶林中。它厚厚的皮毛有各种不同的颜色（黑、白、灰……），但生活在加拿大的阿拉斯加郊狼通常为黑色。阿拉斯加郊狼通常猎食驼鹿、加拿大驯鹿、麝牛、野牛，但也会攻击小型动物，如松鼠、旅鼠、河狸、北极兔等。

墨西哥狼

它是灰狼亚种中体形最小也最罕见的一种。它们的特征是长鬃毛、黑色的尾巴与耳朵。它们过去生活在墨西哥中部与美国西部沙漠地区，但20世纪70年代便几乎灭绝，原因是农田开发破坏了它们的生活环境，也减少了食物来源。1998年以后，这种狼被人为地保护起来并被重新放归亚利桑那州。如今，地球上约有400头墨西哥狼，大部分生活在动物园中。

阿拉伯狼

因为它被毛短、颜色浅且体形小，所以常与阿拉伯半岛的沙丘融为一体。它在沙里挖洞做窝，抵御酷热的阳光。晚上，它会在水边徘徊，守候猎物的到来。饿到极点时，阿拉伯狼会攻击家畜或去垃圾站寻找食物。

欧洲灰狼

它的体形不如北美狼大，被毛更短，多种颜色混杂。过去，这种狼广泛分布于欧洲大陆，生活在各种自然环境（平原、高山、荒地等）里。由于人们的狩猎活动，20世纪时大多数西欧国家的欧洲灰狼已经灭绝，仅西班牙、意大利还有。现在，欧洲狼又重新回到了它们祖先生活过的地方。

蒙古狼

它是草原、森林与戈壁沙漠的王者，是杰出的猎手。浅棕色的被毛让它可以轻易地隐藏起来。

6

印度狼

这种小型狼生活在印度的一些邦，但在土耳其、沙特阿拉伯、伊朗与以色列也有它们的踪影。它常常出没于草原，但也会出现在土地贫瘠的地区。这种狼很少嚎叫，所以很难被人发现，也无法统计出狼群个体数量。部分科学家认为，印度狼是一种完全独立的物种。估计现在种群的数量为2000～3000头。

非洲狼

科学家们在一头形似豺的动物身上提取了DNA，发现它其实是灰狼下的一个亚种。它的体形与豺不同：头更宽，耳朵更短，被毛颜色更深。另外，它的生活模式也更孤独。

豺

埃塞俄比亚狼

这种狼有着细长的嘴，被毛为红棕色且有白点，尾巴为黑色，生活在埃塞俄比亚海拔3000～4000米的山地高原上。它以啮齿类动物为食，过着群居生活。一个群落狼的数量为3～13头。目前，世界上现存不到450头埃塞俄比亚狼。它们面临着两大威胁：栖息地被农田开垦一点点蚕食，牧羊狗带来的传染病。这种狼不属于灰狼种，已经被列为濒危物种，是犬科里情况最危急的。

狼群

　　狼是社会化程度很高的动物，喜欢同类的陪伴。集体生活让它们能更轻松地捕猎大型猎物，保卫自己的领地，抚养幼崽，因此有更大的可能生存下去。狼群是一个极其紧密、有组织的集体，接受1头公狼与1头母狼的领导。在狼群中，每个成员都有自己的任务，有些负责捕猎，有些负责教育幼狼。狼群中，其他成员对头狼有着绝对的忠诚与服从，不过也有少数破坏规则的捣蛋鬼！

狼王与狼后

　　它们是狼群的头领。作为一家之长，它们必须做出所有重要的决定，例如狩猎、迁徙、保卫领地。狼群中的其他狼必须无条件服从它们。不过，狼王与狼后的领导权并不是终身制的，只会持续几个季节。

狼群

　　只要有2头狼一起生活，我们就称之为"狼群"。通常，狼群由公狼、母狼及它们的孩子组成。有时，还会有表亲加入，但都是出自同一个家族。狼群的规模通常在5～12头，最多可以到三十几头。有时，狼群里也会出现一两个外来者。狼群的规模与领地里食物是否丰富有关。

指挥还是服从

在一个狼群中，所有狼都要听从狼王和狼后的命令。在它们之下，强壮勇敢的一头或几头狼处于第二等级，负责守卫狼群，侦察是否有危险来临。它们可以向等级更低的狼发号施令。后者的任务是展示力量，威慑其他狼群，用一些花招让其他狼群认为数量在它们之下。

孤狼

有时我们会看到独自行动的狼。它要么是在寻找伴侣与领地，准备组建新的狼群；要么是遭到了原来狼群的驱逐。

守卫领地

当狼群确定了领地之后，便会严格禁止其他狼群进入。领地的范围通常在75～2500平方千米，根据食物是否丰富而变化。因此，在动物稀少且常常迁徙的北极圈地区，狼群的领地特别辽阔。为了避免相遇与冲突，两个狼群的领地之间通常有一块无狼区。假如来自不同狼群的狼还是相遇了，它们看到对方的第一件事便是露出獠牙！

捕猎

　　饥肠辘辘时，狼会一寸一寸走遍它的领地，寻找猎物。作为伟大的猎食者，狼通过杀戮来生存，每天在这上面要花费10小时。狼成群结队地围捕大型动物。凭借敏锐的听觉与嗅觉，狼能发现食草动物的群落，并跟踪它们数小时甚至几天，然后才发起攻击。狼天生拥有强大的力量，可以杀死比它们重8～10倍的动物。不过，不是每次出击都有回报，无功而返也是常常发生的。

集体攻击

　　狼群悄悄等待最有利的时刻到来。它们通常会盯住群体里最弱的一只，利用各种方法让它落单，再逼迫它开始逃跑。接下来，狼群会渐渐靠近，大步冲向猎物，不停骚扰纠缠，直到猎物筋疲力尽。待猎物被抓后，两头狼会紧紧咬住它的爪子与侧边，让猎物倒下。另一头狼会跳上去，用尖牙刺穿猎物的喉咙或口鼻部。狼群中剩下的狼一拥而上，直到猎物死亡为止。

危险

　　在捕猎时，狼群也面临着各种各样的危险。一头野牛或是保护孩子与同伴的其他大型食草动物都可能用蹄子或角给予狼致命一击。被狼群追逐的麝牛常常低下头，用坚硬的角来威胁攻击者。当面前是一头重量在400千克左右的麝牛时，风险就特别大了，害怕受伤的狼有时会放弃攻击。

在冰与雪之间

冬天在雪地里行走或狩猎时，狼群会排着队前进，后面的狼会将狼爪放在队伍中第一头狼留下的脚印里。这样可以保存体力。它们的爪子起到了冰鞋的作用，保证在冰面或雪地上行走时不会打滑。

战略高手

狼群通常在黎明或黄昏时捕猎，这时食草动物们离开了它们的家，狼群会追随它们的踪迹。狼群常常回到它们曾经捕猎过的地方，它们了解猎物们经常去的一些地点。

面对高大的麝牛，狼有时会选择转身离去。

独自捕猎

狼有时也会独自捕猎鹿或一些小型动物，如啮齿类、野兔或鸟类，特别是在夏天时。它们埋伏在高高的草丛间，耐心地等着，希望能抓到从巢穴出来的猎物。狼通常以咬住猎物脖子的方式来杀死它。

饿狼传说

狼的饮食结构特别丰富。季节不同，食物不同，只不过不是每次都能吃饱。狼每一次捕猎都只有十分之一的概率能抓到猎物，因此，它永远不知道下一顿饭要等多久才能吃到。有时，狼要饿上几天甚至一到两周。这也是为什么当狼抓到猎物后，会"狼吞虎咽"，甚至有时一顿能吃下10千克肉！

不挑食的狼

不同地区的狼捕捉不同的猎物：在北极圈是驯鹿与麝牛，在北美平原是野牛，在温带森林是鹿、狍子与野猪，在高山是盘羊与岩羚羊，在沙漠是瞪羚与羚羊。有时，狼也会攻击人类饲养的山羊与绵羊，这让牧羊人大为恼火。在找不到大型猎物时，狼也会吃一些小型动物：野兔、老鼠、旱獭、河狸、海狸鼠，甚至是蛇、蟋蟀、鸟类、青蛙或蜥蜴。假如还是没吃饱，它还会吃路上看到的水果。

用餐习惯

狼王和狼后通常是最先享用大餐的，或者由它们来决定谁第一个吃。它们一下就会吃掉最好的部位，这让它们能够散发出比其他狼更浓烈的气味。接下来轮到狼群中最强壮的狼，它们可以吃掉最多的肉。最后由刚成年的狼负责收尾，吃掉剩余的残骸。狼进食的速度特别快。

再没有比一点绿色植物更有助于消化的了！狼有时候会吃蔬菜与草，帮助排泄，赶走体内的寄生虫与胃里积累的毛发。

餐后

用完餐后，狼会去水边喝水。接下来便是放松的时刻：好好梳洗一番再开始游戏。这可以加强成员之间的联系。吃饱喝足的它们会打个盹儿，消化消化。吃不完的骨头就交给老鹰、乌鸦、狐狸或郊狼吧。

藏宝地

如果猎物不能一下吃完，狼会把它带回巢穴给小狼。有时它们也会把珍贵的食物埋起来，留着下次再吃。夏天的时候，凉爽的湖边或河边是最佳地点，那里是天然的冰箱。

一餐饭可以持续20分钟到1小时。

求爱

当交配的季节到来时，狼群里会一片混乱。狼王狼后通常是负责繁衍的狼。从2岁或3岁开始，它们便每年生下1窝。母狼的怀孕期与狗一样时长2个月。狼王与狼后之间有着深厚的感情，会在一起很久。不过，假如狼王受了重伤或是在捕猎时死去，它的伴侣则会和其他公狼生育后代。

求偶季

在不同地区，求偶季也不同，可以是1月初（温暖地区）或4月（北极圈地区）。在这段时间里，狼后会散发出一种特别的气味，让公狼知道她已经做好了交配的准备。母狼会在显眼的地方留下尿液，吸引公狼的注意。

狼后的巢穴通常在树根或石头下，由狼王及狼群中的其他狼一起保护

为地位而战

　　进入发情期的狼后会对其他母狼产生攻击性，绝不能让其他雌性生下后代，无论是和狼王，还是和其他狼。而狼王则要为了保证地位不断接受挑战。实际上，狼群中的其他雄性会不断骚扰狼后。公狼之间会互相攻击，夺取狼王的位置。

挖洞

　　在分娩之前，狼后（有时会得到其他狼的帮助）会用爪子挖一个巢穴。它通常会选择高处的地方，很难靠近却方便它监视周围的情况。附近还得要有水源，因为狼后在哺乳时需要补充大量水。巢穴内部，一条通道通向一个巨大的地下"房间"，狼后会在那里放上干草、树叶、苔藓，甚至拔下肚子上的毛，为即将到来的宝宝做最温暖的准备。

在分娩前，狼后会休息，保存体力

　　在怀孕2个月后，狼后将在黑暗的巢穴中生出4～6头小狼崽。狼后产崽数量与领地食物是否丰富有关。如果狼后在怀孕时有充足的食物，那么便能生下更多后代。小狼出生后是否能顺利长大也要看食物究竟有多少。

小狼宝宝

在温暖的巢穴里，在妈妈满满的爱与关心里，小狼宝宝们快速地成长着。出生时，看不见也听不见的它们在10～15天时才能睁开眼睛，20天时才能听到声音。最初的它们是一个个长着深色绒毛的小毛球，没有牙齿，体重在300～500克，但成长的速度很快（每天50～230克），因为妈妈的乳汁很有营养。在第3周或第4周时，小狼宝宝们开始离开巢穴，探索外面的世界。

狼后喂奶要一直喂到第8周，即使在巢穴外也要喂。

第一口乳汁

小狼宝宝们出生后什么也看不见，只能凭借嗅觉爬到妈妈的乳头旁边。母狼的哺乳期在2个月左右。小狼们缩在一起，紧紧地靠着妈妈，吃饱了睡，睡醒了再继续吃。

小狼们在两个半月左右时断奶，然后跟着妈妈来到狼群领地的中心，在那里待上4个月。家族的所有成员都会照顾它们，为了喂饱它们而去捕猎。

送餐服务

　　生完孩子的狼后除了喝水，绝不会离开巢穴半步。其他狼负责将猎物带回供狼后享用。当狼后感觉附近有危险时，会叼起小狼，把它们转移到更安全的备用巢穴里。

保姆

　　狼后允许其他有经验、有耐心的狼替它照顾孩子。这样，它就可以暂时回到首领的位置，参与捕猎的工作。

嗷嗷待哺的小狼

　　2~4个月的小狼就像小乞丐一样永远在乞求食物。它们的"乞讨"方式是靠近成年狼，舔它们的嘴唇。从2个月起，小狼就可以吃其他狼带回来的已经咀嚼过的肉糜。在野外散步时，好奇的小狼会尝一尝它们在路上看到的一切东西。

有教养的小狼

在狼的世界，对小狼的教育是非常重要的，狼群的所有成员都会参与其中。小狼必须练习嚎叫，向其他狼打招呼，辨认气味，遵守狼群规则，服从狼王与狼后，保护食物不被抢。通过观察成年狼的行为，小狼们一点点学习着狼的语言、表情与服从的姿势。

最喜欢的游戏

小狼们你追我赶，舔来舔去，打来打去，咬来咬去，一起跳跃，摩擦鼻子，摇尾巴，用爪子拍对方。它们用很多时间来一起玩闹。虽然它们还很小，却已经表现出了不同性格：有些更强势，成为了小领导者；另一些更胆小，处于服从的地位。这预示了它们未来在狼群里的地位。虽然成年狼对小狼很有耐心，但如果它们打闹过了火，成年狼也会咬咬它们以示警告。

第一场音乐会

年幼的小狼最初是用小小的尖锐叫声来表达自己。然后它们从成年狼身上一点点学会了用嚎叫来与同类交流。最聪明的小狼在28天时就已经可以发出第一声狼嚎了。随着年龄的增长，它们的声音会变得越来越粗。2个月时，它们已经可以自如地与其他狼交流，加入"狼群演唱会"了。

第一次捕猎

6个月时，小狼开始探索领地与边界。为了让它们练习捕猎技巧，成年狼会给它们骨头或木棍做玩具，模拟猎物。这样可以训练小狼的反应能力、灵巧程度与速度。当成年狼带小狼一起去捕猎时，小狼会在旁边认真地观察它们的动作，然后模仿。小狼常常因为太急迫而错失机会。10个月时，小狼便可以正式参与集体捕猎或独自去捕猎了。

交流

狼是很社会化的动物，通过声音、气味、丰富的面部表情与身体姿势来交流。这些信号组成了一门语言，让它们可以互相理解，表达感情，集体生活，克制自己的攻击性。它们也是通过气味与声音信号来守护领土的。狼是一种情感丰富的动物，与家族里的其他成员有很多肢体接触。

嗥叫

狼的嗥叫是它表达情绪、传递信息的方式。每头狼嗥叫的方式都略有不同，音调或高或低。当一头狼开始叫时，其他狼也会跟上，很快便形成了一曲"大合唱"。在狼群中，狼可以嗥叫1分钟，停下来，接着再嗥叫。一声长长的嗥叫可以传出十几千米远呢。

狼不仅会嗥叫，还会像狗一样吠叫来警示危险或表达喜悦，用低沉的吼声来表达生气，用柔和的呻吟来表达友谊、好奇或服从

含义丰富的嚎叫

在民间传说里，狼会在月圆时嚎叫。其实，它们会在一天中的任何时刻嚎叫——高兴时、害怕时、担忧时、出发捕猎时、停止捕猎时、庆祝猎物死亡时、保护战利品时……狼嚎是为了集中狼群，发出警告，向陌生狼群宣誓领地权，但也可能是为了保护小狼，搜集附近其他狼群的信息。一头单独的狼叫可能是为了寻找狼群或告诉其他狼它的存在，也可能是与伴侣联系或表达伴侣死去的悲伤。

标志领地

狼与狗一样，生活在气味的世界。与其他哺乳类动物一样，它们身上有着不同的腺体，散发着独一无二的气味，这就是狼的身份证。

每一天，狼都会花一部分时间来标记领地：用爪子抓地，在经过的路上、石头上、树干上尿尿。通常，只有狼王夫妇才会抬起爪子尿尿。其他狼则是蹲着尿，以示服从。狼会通过在显眼的地方排便来给领地留下标记，也会用头蹭草地，或用爪子抓树干来标记，告诉其他狼群不要随意进入。只有闻到同类留下的气味，狼才能辨认对方是公是母，年龄多少，在狼群中的地位如何……如果恰好是发情的母狼，还能知道它的脾气如何。

专家认为，狼可以通过嚎叫声认出对方。它们能辨别出听到的嚎叫声是否来自自己狼群的同伴。

21

用身体表达

在狼身上，每个动作都有它的含义，例如，耳朵或尾巴在不同状态时意义就大不相同。我们可以从狼的脸部和身体姿势中读出它的心情与情感。不过，所有狼都要服从狼群的规则，采取代表统治或服从的姿势，避免冲突。每头狼都该明白自己的位置。当然，在狼的一生里，它在狼群中的地位并不是一成不变的。

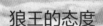

狼王的态度

狼王为了表现自己的地位，会将尾巴放平，竖起耳朵，头抬高，眼睛注视着另一头狼。

狼群规则

当狼群看到醒来或归来的狼王时，要一边摇尾巴，一边舔它的脸，蹭它的鼻子。所有狼要将狼王包围起来，耳朵倒向背部，头的位置要低。

认真的狼

当狼的好奇心被挑起时，它会直直地竖起耳朵，牢牢盯着对方。

自信

当一头狼全身放松，眼神里没有恐惧，则这头狼充满自信。

完全服从

为了向上位者表现完全的服从，狼可以爬、趴下甚至躺下，展开四肢，露出最脆弱的肚皮。

愤怒

感到愤怒时，狼身上的毛会竖起，皱起鼻子，卷起嘴唇，露出牙齿。它已经准备好发动攻击了！

威胁

为了吓跑对手，狼会竖起卷曲的尾巴，挺起前胸，嘴巴张开，卷起嘴唇，露出尖锐的牙齿，牢牢盯着对方，皱起鼻子，表现出压迫感……总之做出最可怕的样子。

柔情

相互摩擦鼻子，是它们互道你好的方式。为了表现看到对方时的开心，它们会一边摇尾巴，一边与对方蹭蹭身体，互相抚摩，用舌头碰触。

害怕

在感觉有危险、被威胁时，狼会垂下耳朵，弯下脖子，把尾巴收紧在两腿之中贴着肚皮。

LES LOUPS
ISBN: 978-2-215-14255-3
Text: Agnès VANDEWIÈLE
Illustrations: Bernard ALUNNI, Marie-Christine LEMAYEUR
Copyright © Fleurus Editions 2015
Simplified Chinese edition © Jilin Science & Technology Publishing House 2021
Simplified Chinese edition arranged through Jack and Bean company
All Rights Reserved

吉林省版权局著作合同登记号：
图字　07-2016-4669

图书在版编目（CIP）数据

狼 / （法）阿涅丝·万德维尔著 ；杨晓梅译. -- 长
春 ：吉林科学技术出版社，2021.1
　　（神奇动物在哪里）
　　书名原文：wolf
　　ISBN 978-7-5578-7822-1

　　I. ①狼… II. ①阿… ②杨… III. ①狼—儿童读物
IV. ①Q959.838-49

中国版本图书馆CIP数据核字(2020)第207653号

神奇动物在哪里·狼
SHENQI DONGWU ZAI NALI · LANG

著　　者　[法]阿涅丝·万德维尔
译　　者　杨晓梅
出 版 人　宛　霞
责任编辑　潘竞翔　郭　廓
封面设计　长春美印图文设计有限公司
制　　版　长春美印图文设计有限公司
幅面尺寸　210 mm×280 mm
开　　本　16
印　　张　1.5
页　　数　24
字　　数　47千
印　　数　1-6 000册
版　　次　2021年1月第1版
印　　次　2021年1月第1次印刷

出　　版　吉林科学技术出版社
发　　行　吉林科学技术出版社
地　　址　长春市福祉大路5788号
邮　　编　130118
发行部电话/传真　0431-81629529　81629530　81629531
　　　　　　　　　　　81629532　81629533　81629534
储运部电话　0431-86059116
编辑部电话　0431-81629520
印　　刷　辽宁新华印务有限公司

书　　号　ISBN 978-7-5578-7822-1
定　　价　22.00元